MINISTÈRE DES TRAVAUX PUBLICS.

CARTE GÉOLOGIQUE DÉTAILLÉE DE LA FRANCE.

GÉNÉRALITÉS. D [I, II, III].

SYSTÈME ET MODE D'APPLICATION DE LA LÉGENDE GÉOLOGIQUE GÉNÉRALE.

PAR

M. A.-E. BEGUYER DE CHANCOURTOIS.

PARIS.
IMPRIMERIE NATIONALE.

M DCCC LXXIV

AVIS PRÉLIMINAIRE.

La publication de la Carte géologique détaillée est organisée de manière que le portefeuille des documents figuratifs contienne toutes les explications nécessaires, et que l'on soit dispensé, lorsque l'on consulte ces documents, d'avoir recours à un texte en volume.

Dans ce but, chaque FEUILLE de carte est accompagnée d'une notice disposée d'abord pour être adaptée à la feuille *in-plano;* chaque PLANCHE de dessin porte aussi une explication; enfin les TABLEAUX de la Légende générale sont eux-mêmes expliqués par un texte imprimé *in-folio*.

Mais on a jugé utile de rassembler, d'autre part, dans des cahiers d'EXPLICATIONS, ayant le format portatif des cartes et des planches entoilées et pliées, tous les textes concernant une feuille et ses annexes.

Quant aux développements scientifiques et techniques qui ne concernent pas exclusivement une feuille de la Carte, ils ont été renvoyés à une série de MÉMOIRES et de NOTES, publiés aussi par cahiers, mais rédigés d'une manière indépendante.

Dans le même esprit, il a paru convenable de réunir en cahiers tous les textes qui servent à expliquer les tableaux des Légendes et de publier pareillement les considérations ayant un objet général; mais, comme en beaucoup de cas il y aurait plus d'inconvénients que d'avantages à faire rigoureusement le départ des explications proprement dites et des considérations théoriques qui ont présidé à l'organisation du travail ou qui viendront influer sur sa marche ultérieure, on a jugé à propos de mettre les deux ordres d'exposés, confondus au besoin, sous la rubrique commune GÉNÉRALITÉS, dans une première série de cahiers qui auront souvent un caractère mixte, tenant à la fois de celui des Explications relatives aux feuilles de la Carte et de celui des Mémoires indépendants.

Ces cahiers de Généralités sont marqués de lettres et de chiffres romains qui rappellent les tableaux auxquels ils se rapportent.

Le cahier A est réservé pour l'Introduction rédigée par M. Élie de Beaumont, Directeur du Service. Le cahier B, intitulé Avertissement, renferme l'Historique et la définition du travail et l'exposé du mode de publication. Le tableau d'assemblage y est joint. Le cahier C contient la Légende technique. Une suite de cahiers D est consacrée à la Légende géologique.

Chargé, comme Sous-Directeur du Service, de la rédaction des Généralités concernant les Légendes d'ensemble, j'use de l'indépendance relative, laissée en principe aux auteurs des Mémoires, pour émettre dans le présent cahier D [I, II, III] quelques considérations qui, en raison de leur caractère philosophique, n'auraient pas été à leur place dans les tableaux, mais peuvent, mieux que de longs commentaires, contribuer à faire comprendre le plan de la Légende géologique.

Toutefois, j'ai soin de placer entre guillemets les parties de ma rédaction qui doivent rester sous ma propre responsabilité, de manière à les faire distinguer de celles qui ont été arrêtées pour former le texte explicatif des tableaux, et dans lesquelles j'ai d'ailleurs profité autant que possible de tous les concours.

Les règles que j'ai suivies dans ma participation à la fondation du Système de la Carte seront de plus l'objet de trois cahiers, concernant la Lithologie, la Stratigraphie et la Chronologie géognostique.

Ces Généralités, destinées, non plus seulement à expliquer la valeur des signes et des figurés conventionnels, mais à développer et à préciser les rapports théoriques des conventions et toutes les tendances du système, dont le présent cahier ne peut donner qu'un aperçu général, résumeront les travaux que j'ai tournés constamment depuis vingt ans vers le but, atteint aujourd'hui, de l'exécution de la Carte géologique détaillée. Leur publication suivra bientôt, s'il plaît à Dieu.

Janvier 1874.

A.-E. B. D. C.

SYSTÈME ET MODE D'APPLICATION

DE LA

LÉGENDE GÉOLOGIQUE GÉNÉRALE.

PRINCIPES DE LA MÉTHODE.

Les Notations et les Figurés employés dans la Carte géologique détaillée ont pour objet de mettre en évidence les conditions de Composition et de Texture, de Forme et d'Allure et enfin d'Âge relatif propres à chacune des masses minérales qui constituent le sol, en d'autres termes, de rendre manifestes la **Nature**, la **Structure** et l'**Ordre** des **formations** superposées ou juxtaposées dans l'Écorce du Globe.

Les trois sortes de conditions sont dominées par le Mode de production et de gisement, dont la prise en considération impose tout d'abord la division des masses minérales en deux grandes séries : celle des formations qui portent l'empreinte des **phénomènes sédimentaires** ou **neptuniens**, et celle des formations qui résultent directement des **phénomènes éruptifs** ou **plutoniques.**

En vue de marquer autant que possible la correspondance des deux séries, on les a traitées concurremment dans les trois Tableaux qui composent la Légende générale.

Si ces Tableaux atteignaient pleinement le but que l'on s'est proposé en les dressant, ils n'auraient besoin d'aucun commentaire, et leur rédaction méthodique devrait faire saisir, du premier coup d'œil et à simple lecture, les bases sur lesquelles on les a construits, en même temps que le mode d'application des conventions adoptées; mais, malgré tous les soins que l'on a pris, ils n'atteignent assurément pas une telle perfection.

On doit donc les faire précéder d'indications présentées aux deux points de vue des origines du Système et de son but ou de sa mise en pratique.

Afin de compléter la définition du travail donnée dans l'**AVERTISSEMENT**, on présente ici, à la suite de ces indications, celles qui concernent le mode d'établissement des diverses sortes de Feuilles et de Planches, en les distinguant par l'emploi des *caractères italiques*, de manière à permettre de les lire séparément.

Les différentes parties de cet exposé sont, du reste, développées, non en proportion de l'importance de leur objet, mais en raison inverse du degré de vulgarisation ou d'évidence des notions qu'elles expliquent ou introduisent.

« Pour justifier, d'abord, le dualisme fondamental du Système, il est à peine nécessaire de rappeler la lutte des Écoles Saxonne et Écossaise. Mais, en ce qui touche la pondération des deux principes antagonistes, il n'est pas hors de propos de faire remarquer qu'elle a été constamment admise par les savants français, dont le Service de la Carte détaillée s'efforce de continuer les traditions.

» L'École Française, qui, en Géologie comme dans la plupart des branches de la Philosophie naturelle, peut faire remonter l'originalité de son caractère propre à une impulsion directe et spéciale du génie gaulois de Descartes, n'a cessé, en effet, de progresser dans la voie sûre de la critique et de la méthode ouverte par le grand maître des temps modernes.

» Pourvue déjà, au temps de Buffon, d'observations coordonnées; rapidement enrichie, grâce aux travaux d'une série de naturalistes parmi lesquels, à la suite de Dolomieu et de Saussure, on peut citer deux ingénieurs du corps des Mines, Brongniart et Brochant de Villiers, le promoteur de la Carte géologique générale, elle s'appuie maintenant sur les bases inébranlables posées, en Minéralogie, par Haüy, en Paléontologie, par Cuvier.

» Ne négligeant aucun des enseignements de l'Antiquité, et tenant compte de tous les travaux étrangers, depuis les aperçus de Leibnitz jusqu'aux résultats de Murchison, elle accueille les parties rationnelles de toutes les théories, dont la proscription réduirait la science à une érudition stérile; mais elle ramène à leur juste valeur aussi bien les nouvelles idées des glacialistes et des actualistes que les théories anciennes de Werner et de Hutton, devenues, l'une exclusivement neptunienne, l'autre exclusivement plutonique, par les exagérations de leurs propagateurs.

» C'est ainsi que, sur les conclusions astronomiques de Galilée, de Newton et de Laplace, adoptées comme données certaines, elle est arrivée à fonder une Théorie géogénique qui achève de relier tous les faits géognostiques par les principes des Soulèvements et des Émanations; et la liaison est aujourd'hui assez complète et assez logique pour permettre d'aborder le classement de tous les éléments géognostiques dans les conditions, à la fois générales et circonstanciées, que comporte l'entreprise de la Carte géologique détaillée de la France. »

I. NATURE.

Les Notations à l'aide desquelles on définit la Composition et la Texture sont classées, sous le titre **LITHOLOGIE**, dans un premier Tableau, divisé en deux Sections, présentant chacune douze colonnes verticales et cinq doubles bandes horizontales.

Les Dépôts sédimentaires sont classés dans la Section de gauche du Tableau, et les Roches éruptives, dans la Section de droite.

Chaque colonne verticale de ce tableau correspond, dans l'une et l'autre Section, à une catégorie de *Compositions* caractérisée par une *lettre*.

La lettre est *romaine* pour la série *sédimentaire;* elle est *grecque* pour la série *éruptive*.

Chaque bande horizontale correspond à une catégorie de *Textures* marquée par un *accent* placé au-dessus de la lettre.

Dans la section des Dépôts sédimentaires,

Les douze colonnes verticales correspondent aux principales catégories qui se distinguent de prime abord dans les associations que forment les variétés des six éléments minéraux suivants : *Silice*, *Argile*, *Glauconie*, *Calcaire*, *Dolomie*, *Fer oxydé*.

D'après les rapports de gisement, le *Gypse* et le *Sel* sont rattachés aux *Dolomies*, et les Dépôts *Charbonneux* aux Dépôts *Ferreux*.

Dans la section des Roches éruptives,

Cinq colonnes de droite comprennent, sous le titre de Roches *Feldspathiques*, les associations, plus ou moins *quartzeuses*, de *feldspaths* (principalement *orthose* et *oligoclase*), de *micas* (*muscovite* et *biotite*), etc. ou de minéraux analogues, et de *talc*. Cinq colonnes de gauche comprennent, sous le titre de Roches *Pyroxéniques*, les associations de *pyroxènes*, de *diallages* ou d'*amphiboles*, de *feldspaths* (principalement *labradorite*) et de minéraux analogues ou *zéolithiques*, de *péridots* et enfin de minéraux *chloriteux*, plus ou moins char-

Les titres des colonnes sont formés par les adjectifs des six dénominations.

Chaque colonne réunit les matières qui, considérées en bloc, présentent des compositions voisines. Son titre s'applique en même temps : d'une part, aux *mélanges mécaniques*, aux Dépôts que l'on peut appeler DÉPENDANTS, parce qu'ils sont formés à proximité ou dans la dépendance manifeste des masses minérales préexistantes, par l'*entraînement* et l'*accumulation* des *détritus* de ces masses: d'autre part. aux

gées de *magnétite* et de *calcite*.

On a pris pour titre de chaque colonne un type de Roche bien déterminé minéralogiquement, auquel les différents termes de cette colonne se rattachent par dérivation connue ou par analogie de composition.

Dans les colonnes moyennes de chacune des deux parties feldspathiques et pyroxéniques dominent les Roches COMMUNES, telles que les *granites*, les *porphyres* et les *trachytes*, les *diabases*, les *trapps* et les *basaltes*, qui constituent les plus grandes masses des formations plutoniques. Dans les autres dominent, au contraire, les Roches EXCEPTIONNELLES DE DÉPART, telles que les *pegmatites* et les *amphibolites*,

combinaisons chimiques, aux Dépôts de *précipitation* que l'on peut appeler INDÉPENDANTS, parce qu'ils sont formés, avec ou sans le concours des forces vitales, au loin et dans une indépendance apparente des magmas fluides ou des masses consolidées dont leurs éléments intégrants dérivent par *émanation* ou *dissolution*.

qui se présentent plutôt en dykes ou en amas d'importance secondaire. Quant aux Roches ou matières EXCEPTIONNELLES D'ÉMANATION, qui, comme les *quartz* et les *calcites*, ne forment ordinairement que des *filons* ou des *amas adventifs* d'une faible étendue en affleurement, elles figurent pour mémoire aux colonnes extrêmes, et principalement sur la même ligne que les Roches altérées ou imparfaites dans lesquelles on les voit poindre en *amygdales*.

La distribution des matières en bandes horizontales a pour base la mesure dans laquelle la texture des Dépôts se rapproche de la texture GRANULO-SPONGIEUSE des *sables*, des *grès*, des *glaises*, des *oolithes*, ou de la texture GRANULO-LAMELLAIRE des *psammites*, des

La distribution des matières en bandes horizontales a pour base la mesure dans laquelle la texture des Roches *nettes* se rapproche de la texture CRISTALLINE complétement *phanérogène* ou de la texture VITREUSE complétement *adélogène*.

schistes ardoisiers, des *marbres saccharoïdes*.

Les Dépôts classés sous la dénomination générale de *GRANULO-SPONGIEUX* sont répartis entre deux bandes conjuguées, selon qu'ils admettent des éléments *grossiers*, comme les *graviers à galets*, les *argiles à chailles*, les *calcaires noduleux*, ou qu'ils sont exclusivement formés d'éléments *fins*, comme les *sables*, les *tripolis*, les *glaises*, les *calcaires oolithiques* ou *crayeux*.

Les Dépôts classés sous la dénomination générale de *GRANULO-LAMELLAIRES* sont également subdivisés en deux bandes, selon qu'ils sont à *grain fin* et *uniforme*, comme les *quartzites*, les *phyllades*, les *marbres esquilleux*, ou qu'ils admettent des *fragments*,

Les Roches classées sous la dénomination générale de *VITREUSES* ou *RÉTINOÏDES* sont réparties entre deux bandes conjuguées, selon qu'elles offrent un caractère vitreux très-prononcé, au moins comme les *laves*, sinon comme les *obsidiennes*, ou qu'elles présentent seulement des indices de vitrosité, comme les *trachytes* et les *basaltes*.

Les Roches classées sous la dénomination générale de *CRISTALLINES* ou *GRANITOÏDES* sont également subdivisées en deux bandes, selon qu'elles sont franchement granitoïdes, comme les *granites* et les *diorites*, ou qu'elles offrent la texture zonée propre aux

des *nodules* ou des *cristaux développés*, comme les *grauwackes grossières*, les *schistes maclifères* et les *brèches calcaires*.

Entre ces deux catégories prend place celle des Dépôts qui ont une texture *compacte* ou à grains indiscernables, comme les *silex*, les *argiles*, les *calcaires lithographiques*.

Enfin, chacune des cinq bandes du Tableau est dédoublée : les deux premières, pour séparer les Dépôts peu ou point agrégés de ceux qui ont pris de la consistance sans perdre leur texture originaire; la troisième, pour distinguer le degré d'hétérogénéité qu'accuse l'aspect zoné; les deux dernières, pour séparer les Dépôts *métamorphiques*, où l'origine sédimentaire reste visible, de ceux

gneiss et aux *micaschistes* de l'écorce primitive du globe.

Entre les deux catégories prend place celle des Roches *compactes* ou *lithoïdes* dans lesquelles domine la texture mixte des *eurites* et des *trapps*.

Enfin, chaque série de Roches *nettes* est doublée de la série correspondante de Roches *imparfaites* ou *altérées*, comme les *arènes*, les *argilophyres*, les *tufs trachytiques*, qui sont le cortége habituel des Roches proprement dites, et qui peuvent recevoir la dénomination générale de Roches *diamorphiques*, parce que, en raison de leurs textures confuses ou clastiques, elles offrent le pasque le métamorphisme ramène à la condition des Roches éruptives.

sage de la condition éruptive à la condition sédimentaire.

Un appendice fait connaître l'interprétation des signes qui peuvent être placés en traits d'union avant ou après la notation lithologique, pour indiquer : dans la série sédimentaire, l'origine *lacustre, marine* ou *saumâtre* des Dépôts; dans la série éruptive, les conditions *pyrothermiques, hydrothermiques* ou *mixtes* de l'épanchement des Roches.

Cet appendice est complété provisoirement, à la fin du présent cahier, par des tableaux qui donnent les signes combinés pour marquer : dans les Dépôts, la présence des *corps organisés fossiles* qui en *accidentent la texture;* dans les Roches, les *accidents de texture* produits par la *cristallisation;* enfin, dans les deux séries, l'existence des diverses catégories de Substances caractéristiques imprégnantes ou disséminées.

On n'a admis généralement dans la nomenclature des Dépôts et des Roches que des noms très-usités, dont l'acception lithologique est bien fixée, sinon bien limitée.

La plupart des désignations faites en dehors des usages se rapportent à des matières qui, bien que manquant de dénomination usitée dans le langage scientifique français, ont une existence nettement définie par un nom technique ou étranger, et ce nom, souvent classique, est alors ajouté entre parenthèses.

Les explications précédentes montrent que la symétrie des deux Sections du Tableau n'implique pas la correspondance des termes qui occupent des positions homologues, « comme cela pourrait avoir lieu pour les résultats de deux séries de phénomènes parallèles. On peut bien établir des parallèles : d'une part, dans l'ensemble des formations plutoniques, entre les produits *communs* et *exceptionnels* qui se succèdent dans le sens vertical ; d'autre part, dans l'ensemble des formations neptuniennes, entre les produits *dépendants* et *indépendants* qui se succèdent dans le sens horizontal ; mais, soit dans les formations dépendantes, soit dans les formations indépendantes, les sédiments offrent toujours l'*épanouissement horizontal* des matières éruptives, communes ou exceptionnelles, amenées originairement par *ascension verticale.* » La relation entre les deux ensembles est, par conséquent, celle du plan avec sa perpendiculaire, et l'on doit dire, à tous les points de vue, que le dépôt des sédiments est le *complément* des éruptions. Il faut donc tenir compte du caractère complémentaire de la relation dans la comparaison des deux Sections du Tableau, et, par cela même qu'il a fallu y disposer les énumérations en colonnes parallèles au lieu de les entre-croiser, ce Tableau ne saurait être présenté comme un classement de Lithologie entièrement méthodique.

A l'égard de la Composition, on s'est inspiré des principes d'ordre mathématique posés dans la VIS TELLURIQUE. L'application en Lithologie de ce classement des corps simples est pour ainsi dire implicite, puisqu'il a été dicté par les notions que donne la Géologie sur la distribution des Éléments et des Radicaux chimiques « de la science moderne » dans les niveaux successifs des trois Éléments pondérables « de la science ancienne » : l'Air, l'Eau et la Terre. Le *contraste* primordial des éléments *alcalins* des *FELDSPATHS* et des éléments *alcalino-terreux* des *PYROXÈNES*, qui ressort en tête du classement et s'y trouve corroboré par un contraste secondaire de l'élément *alumineux* et de l'élément *ferreux*, motive sûrement la division des Roches éruptives en *FELDSPATHIQUES* et *PYROXÉNIQUES*, adoptée de préférence à la division également usitée en Roches *ACIDES* et Roches *BASIQUES*.

Il est important de rappeler à ce sujet que ces doubles dénominations ne sont pas équivalentes terme à terme, bien que les répartitions opérées d'après les deux principes de distinction aboutissent l'une et l'autre à reléguer dans les catégories opposées, d'un côté les Roches où s'isole le *Quartz* libre, c'est-à-dire une sorte d'*acide*, de l'autre les Roches où s'isole la *Magnétite* libre, c'est-à-dire presque une *base*, comme l'exige le contraste essentiel des deux minéraux, contraste dont l'appréciation a été la source de toutes les notions d'ordre en Lithologie.

Il faut encore remarquer, au sujet de la Composition,

que, si la considération du *métal*, élément *minéralisé* ou *électro-positif*, domine dans le classement des Roches éruptives, la considération du *métalloïde*, élément *minéralisateur* ou *électro-négatif*, domine « dans le classement très-sommaire des Substances caractéristiques et, par suite », dans le classement des Dépôts « qui en offrent le développement. »

A l'égard de la Texture, « dont l'étude tient en Lithologie une place correspondant à celle que la Cristallographie tient en Minéralogie », on s'est également inspiré de principes d'ordre mathématique, car le contraste des textures *vitreuse* et *cristalline*, que l'on retrouve du reste en Chimie et en Physique dans la distinction, aujourd'hui classique, des états *colloïde* et *saccharoïde* ou *cristalloïde*, « est parfaitement symbolisé par le contraste des *arcs* et des *angles* en Géométrie.

» Les mêmes principes ont présidé à la classification des Textures *accidentées* ou *combinées* des masses inorganiques, donnée dans l'appendice qui termine ce cahier.

» On les aperçoit encore au fond de la classification des êtres organisés qui, au point de vue physiographique comme au point de vue de la distribution dans le temps, pourraient être distingués en *goniomorphiques* et *cyclomorphiques*, témoin le contraste, fondamental en Zoologie, des *rayonnés* et des *mammifères.* »

Mais en construisant le Tableau des Dépôts et des Roches on a subordonné les suggestions de l'esprit de méthode au parti pris de réduire, autant que possible, le nombre des notations différentes préparées pour marquer sur les cartes les variations de nature des différentes formations.

On s'est surtout préoccupé d'assurer une application facile du système au double point de vue de la pratique et de la théorie. La direction pratique de ce classement sommaire est accusée par le choix des termes qui composent les rubriques des bandes horizontales. Quant à sa valeur théorique, elle ressort à première vue de ce fait, que les cinq doubles séries de dépôts et de roches prédominent respectivement dans les terrains des cinq périodes habituellement distinguées en Géologie.

Les notations de nature qui, suivant les besoins, accompagnent sur la Carte *une partie des notations chronologiques, sont reproduites en marge de chaque feuille dans les rectangles où sont échantillonnées les teintes conventionnelles des formations. Elles se succèdent, dans chaque rectangle, suivant l'ordre des termes qui composent la dénomination restreinte de l'Étage sédimentaire ou du Groupe éruptif adoptée pour l'étendue de la feuille, et leur signification se trouve précisée par leur rappel dans le courant de la Notice explicative toujours jointe à cette feuille.*

Les tracés imprimés des affleurements de couches, de dykes et de filons et les signes caractéristiques de la nature sont, de plus, repassés ou frangés avec des couleurs brillantes, mates ou métalliques, qui rappellent l'aspect de la matière dominante, et dont la signification est expliquée dans la légende placée en marge de la feuille.

Toutes les indications relatives à la nature des dépôts et des roches sont d'ailleurs complétées sur les cartes par les signes techniques placés aux points où les matières utiles ont été spécialement observées ou exploitées.

Ces signes de nature sont définis dans la légende technique placée au bas de la feuille et visés dans la Notice explicative qui en précise l'application.

Dans les Coupes *et les* Projections longitudinales, *les notations lithologiques générales prennent place en regard des affleurements des formations, au-dessus des profils, sur la troisième ligne d'écriture.*

Dans les Sections verticales, *où une colonne est affectée aux désignations lithologiques de détail, la colonne adjacente, intitulée — Figuré des épaisseurs, — est disposée pour recevoir, dans chaque tranche correspondant à une désignation, un figuré ou un coloriage systématique spécial, rappelant à la fois la texture et la composition chimique du dépôt ou de la roche.*

La colonne intitulée — Particularités minéralogiques et paléontologiques, Hydrologie. Renseignements divers, — reçoit les énumérations de fossiles ou de minéraux caractéristiques, les dénominations techniques locales et les indications concernant la nature des eaux. Enfin, la colonne intitulée — Usages — reçoit, en regard de chaque assise fournissant dans le voisinage un gîte minéral exploité, le signe correspondant, emprunté à la légende technique.

II. STRUCTURE.

Un deuxième Tableau réunit, sous le titre **STRATIGRAPHIE**, les Signes et les Tracés qui servent à définir les conditions de Forme et d'Allure des masses minérales.

Les deux premiers paragraphes de ce Tableau, relatifs à la Stratigraphie descriptive, comprennent tous les signes et les tracés employés pour représenter la disposition générale des formations, les accidents de leur *allure* et toutes les circonstances de *gisement* qui méritent d'être signalées, tant au point de vue de la *superposition* et de la *juxtaposition* des *Strates* qu'à celui de la *destruction naturelle* des Dépôts et des Roches.

Pour les conventions relatives aux tracés *hydrographiques* et *orographiques*, bien qu'ils forment la base de toutes les recherches stratigraphiques, on ne peut que renvoyer aux explications du système de la Carte de l'État-Major.

Les Signes et les Tracés géologiques ont été étudiés au point de vue de la représentation la plus complète du terrain.

Leur application est subordonnée à l'échelle des diverses cartes, et ils ne peuvent être tous employés que sur les Fragments au 20 000ième.

Comme d'ailleurs il y a lieu de prévoir l'extension du travail aux Colonies, on ne s'est pas borné à répondre aux exigences du relevé de la France continentale, et l'on a pris en considération l'ensemble des données géologiques dans leur plus grande généralité.

Le Tableau de stratigraphie offre d'abord sur une ligne la série graduée des signes qui marquent l'*orientation* et l'*inclinaison* des surfaces stratigraphiques. Le système de la division décimale du cercle étant adopté pour le canevas géodésique de la Carte de l'État-Major, toutes les mesures d'angles doivent être notées dans le même système. Aussi les inclinaisons, depuis l'horizontalité jusqu'à la verticalité, sont-elles marquées en *grades* aussi bien qu'en *degrés*.

L'explication des Signes et des Tracés est ensuite répartie symétriquement par colonnes. Les conventions relatives aux tracés des *contours*, des *failles* et des *plis*, qui sont communs aux formations sédimentaires et éruptives, occupent les deux colonnes médianes. Un genre de tracé destiné à des contours indéterminés, incertains ou fictifs, est nécessaire, soit pour les formations métamorphiques, soit pour celles qui, comme la plupart des limons, débordant généralement sur les formations antérieures, ne gardent cependant en beaucoup de lieux qu'une épaisseur insignifiante; dans les tracés de failles (repassés en blanc sur les cartes), les hachures latérales marquent le côté abaissé.

Les conventions qui se rapportent aux *couches* et aux *filons* viennent ensuite, de part et d'autre. Lorsque les surfaces s'éloignent notablement de l'horizontalité ou de la verticalité, les tracés linéaires de leurs affleurements, figurés dans ces quatre colonnes, sont, autant que possible, accompagnés, sur les Cartes, des signes d'orientation et d'inclinaison qui achèvent d'en déterminer la position et l'allure.

Les conventions relatives aux *phénomènes sédimentaires*, aux *érosions* et aux *phénomènes glaciaires* sont développées dans trois colonnes à gauche, tandis que celles qui se rapportent aux *phénomènes éruptifs* et *volcaniques* sont développées dans trois colonnes à droite. Enfin, les deux colonnes extrêmes comprennent accessoirement les notations concernant le *jeu des marées*, les *mouvements du sol*, les *chutes de météorites* et les *vestiges archéologiques* dont les relations topographiques ne sauraient être négligées dans les études de Géologie.

Un troisième paragraphe, concernant la Stratigraphie systématique, se rapporte à la coordination géométrique des faits observés obtenue par le Réseau pentagonal.

Il donne les types de lignes composées de traits et de points qu'on a adoptés pour distinguer les différentes catégories de *Cercles de comparaison* dans lesquels se résument les *alignements* des *Systèmes de montagnes* ou des autres accidents géologiques.

En regard de chaque catégorie de *cercles*, est indiquée, par la lettre classique, la catégorie des *points* du Réseau pentagonal qui en sont les *pôles*. Les rapports de position des cercles et des points *principaux* sont rappelés par le diagramme d'un pentagone.

Les cercles de comparaison déjà classés dans le Réseau sont tracés en pointillé long sur la CARTE, *où ils constituent un canevas qui, au simple point de vue de la détermination des positions, peut, pour ses propriétés sphérodésiques, être comparé au canevas géodésique formé par les méridiens et les parallèles, et a sur lui l'avantage de s'adapter souvent par ses lignes mêmes aux configurations naturelles. Leurs dénominations sont inscrites dans les cadres des feuilles.*

On a de plus tenu à marquer sur chaque feuille les directions des cercles classés qui, sans la traverser, sont assez voisins pour que l'influence du système qu'ils caractérisent puisse s'y manifester. Dans ce but, les directions des cercles et de leurs perpendiculaires, intéressant une feuille de la carte au 320 000ième, *sont rapportées par le calcul dans un point à peu près central de cette feuille. La — Rose des directions calculées — ainsi construite est figurée dans la feuille d'assemblage qui donne le tableau d'assemblage partiel correspondant, à l'échelle du* 1 000 000ième. *Elle y est superposée à la — Rose des directions observées — construite pour la même région.*

L'ensemble des deux Roses est reproduit en petit par deux quadrants aux deux angles inférieurs de chacune des feuilles au 80 000ième *comprises dans le champ de la feuille au* 320 000ième *pour laquelle il est établi, et les prolongements des directions tracées dans les deux quadrants sont aussi amorcés dans les bords opposés du cadre, de manière à fournir des lignes nettement orientées pour l'étude des alignements parallèles.*

Sur chaque feuille de la CARTE, *les signes et tracés stratigraphiques employés sont expliqués en marge. Mais on renvoie à la Légende générale pour l'explication des signes stratigraphiques, en très-petit nombre, qui sont placés, dans les* COUPES *et les* PROJECTIONS LONGITUDINALES, *sur la seconde ligne d'écriture, au-dessus des profils, et dans les* SECTIONS VERTICALES, *à la colonne des renseignements divers.*

Les COUPES LONGITUDINALES *sont dirigées d'une manière générale suivant un arc de grand cercle; elles sont alors planes. Lorsqu'il n'en est pas ainsi, par exemple dans le cas où elles sont faites suivant un arc de parallèle, elles constituent en réalité une surface conique, et c'est le développement de cette surface qui est figuré sur la planche.*

Les PROJECTIONS *et les* COUPES *sont employées concurremment.*

Toutes les coupes longitudinales sont établies sur l'arc terrestre correspondant au niveau de la mer, avec des échelles égales pour les longueurs comptées sur cet arc de cercle et les hauteurs comptées à partir du même arc pris comme ligne de comparaison ou d'altitude nulle. Elles sont toujours figurées au 80 000ième, et le cadre de chaque planche, dont la longueur dépasse celle de la diagonale d'une feuille de la Carte, porte à son bord supérieur un arc de grand cercle tracé à cette échelle, sur lequel court une double division en minutes sexagésimales et en kilomètres pour la mesure des distances. Les mêmes coupes, dessinées à plus grande échelle, avec plus de détail, sont en outre figurées par segments pouvant être raccordés bout à bout. Le raccordement a lieu au moyen de l'arc de cercle du niveau de la mer, qui est tracé en bleu, et de sa corde, qui est amorcée en rouge aux extrémités de chaque segment. L'échelle des segments agrandis est tracée sur les bords latéraux et inférieur du cadre.

Les désignations sont placées au-dessus des profils et réparties en trois lignes. — Les noms des localités situées sur la coupe, ou à proximité, sont placés sur la première ligne, aux points où ces localités se trouvent ou se projettent. Les écritures de ces noms sont les mêmes que celles de la Carte. — Les coordonnées du profil, estimées en grades et minutes centésimales pour les longitudes (Lg.), *en grades et minutes centésimales (kilomètres) pour les latitudes* (Lt.) *et en mètres pour les altitudes* (Al.), *occupent la seconde ligne. — La troisième ligne est divisée en portées qui correspondent aux affleurements des Étages ou des Groupes, pour recevoir les notations géologiques, lithologiques et techniques ci-dessus mentionnées. — Toutes les fois qu'une des désignations topographiques s'applique à un point situé sur la coupe même, elle est mise en relation avec le profil par un trait.*

Quelques COUPES D'ENSEMBLE, *qui doivent être prolongées dans toute l'étendue de la France, sont l'objet d'une suite de planches contenant chacune le segment compris dans une feuille; le titre du segment qui précise sa direction et son sens rappelle la Coupe d'ensemble dont il fait partie. D'autres planches donnent les* COUPES RÉGIONALES *qui offrent un intérêt particulier, et les titres de ces Coupes, qui sont formés, en général, de noms de pays propres à des circonscriptions naturelles, indiquent leur orientation.*

Les Sections verticales *sont, en général, disposées uniformément dans des planches composées de trois Tableaux, qui peuvent se faire suite l'un à l'autre.*

Chaque Section *porte en tête : d'abord l'indication de son échelle rendue sensible par une figure ou un objet de dimension connue (par exemple : un piqueur portant une mire de 2 mètres pour les échelles du 100ième et du 200ième; un hangar de forage ou un moulin à vent de 20 mètres pour les échelles du 1000ième et du 2000ième), et ensuite, autant que possible, la définition, par les coordonnées géodésiques, du sommet de la verticale sur laquelle elle est établie; enfin, la mention des terrains qu'elle traverse.*

Lorsqu'il y a intérêt à représenter un ensemble considérable, et que les circonstances autorisent à superposer dans ce but, sans risque d'erreur notable, les résultats de relevés faits dans des localités très-voisines, ces résultats sont raccordés bout à bout sur une verticale convenablement choisie.

Dans tous les cas, on trouve à la dernière colonne du tableau, en regard de chaque tronçon, s'il y a lieu, le nom de l'auteur des renseignements et la désignation des escarpements naturels des ouvrages d'exploitation, de sondage et de recherche où les mesures ont été prises, précédée du nom du propriétaire, de la date du relevé, etc.

Le cadre des tableaux destinés aux sections des terrains sédimentaires présente, à côté du figuré sommaire des étages et d'une échelle métrique courant dans toute la hauteur de la section, un groupe de colonnes disposées pour le détail des strates : assises, couches, bancs, lits. — Les épaisseurs correspondant à un sondage sont celles qu'il importe de manifester dans les sections verticales; on met donc ordinairement de côté les variations d'orientation et d'inclinaison des strates successives, et l'on figure le détail dans la première colonne conformément aux sondes générales dont les chiffres, relevés ou calculés d'après les rapports d'altitude, sont inscrits dans la quatrième. Les épaisseurs ainsi représentées, et qui sont chiffrées dans la troisième colonne, mais seulement pour les systèmes de strates appelés Étages, méritent alors plutôt la qualification de hauteur de tranches. L'épaisseur normale d'une strate s'obtient, du reste, facilement en multipliant l'épaisseur figurée ou la hauteur de tranche par le cosinus de l'angle d'inclinaison des couches, et cet angle est donné dans la dernière colonne du tableau, pour chaque tronçon de la section verticale où la stratification s'éloigne notablement de l'horizontalité.

Dans le même cas, la dernière colonne indique aussi la direction de l'horizontale donnée par son orientement, c'est-à-dire par l'angle qu'elle fait avec la méridienne, compté à partir du Nord par l'Est.

Chaque strate distinguée dans le figuré reçoit à la cinquième colonne un numéro d'ordre, qui sert, par exemple, à repérer les sections verticales et les perspectives photographiques. La septième colonne du tableau reproduit, sous le titre — Sondes particulières, — les profondeurs mesurées sur les escarpements ou dans les forages. Enfin, les altitudes des limites d'Étages sont cotées dans la huitième. — Lorsque la section provient d'un forage, à chaque profondeur où l'atteinte de la sonde fait changer notablement le niveau de l'eau, on inscrit dans la neuvième colonne le chiffre de la distance à laquelle l'eau vient s'arrêter au-dessous du sol; on indique de plus dans la dixième colonne, par des lignes verticales ponctuées, les hauteurs de l'eau mesurées dans le puits ou dans le tube d'ascension extérieur à diverses profondeurs du sondage.

Les dispositions précédentes sont simplifiées dans certains cas spéciaux, pour les puits ordinaires, par exemple.

Elles sont nécessairement plus ou moins modifiées, suivant les cas, pour les sections verticales des formations éruptives qui représentent, par exemple, des puits de mines métalliques.

Les positions des lignes suivies par les Coupes longitudinales *et des points auxquels se rapportent les* Sections verticales *sont exactement indiquées sur la Carte de triangulation au 1 600 000ième, qui est reproduite avec le* Répertoire, *et dont les extraits accompagnent, à titre d'étiquettes, les planches de Coupes et de Sections comme les feuilles de cartes. Les lignes sont tracées en pointillé, et les points marqués d'une croix.*

Un même sujet comporte souvent plusieurs Perspectives photographiques.

Celle qui se prête le mieux à la description stratigraphique est accompagnée de deux diagrammes, l'un donnant, à l'échelle du plan moyen de l'image, la section verticale du terrain extraite d'une des planches de Sections verticales: l'autre des-

tiné à faire comprendre par un profil raccourci la relation qui existe entre cette section verticale et l'image dont les différentes parties représentent, à des échelles différentes, les plans plus ou moins éloignés du point de vue. Des lettres et des numéros de renvoi précisent la relation et permettent de suivre sur la perspective la description géologique et technique des couches, des veines, etc., donnée sur la planche même. — Lorsqu'il s'agit d'une exploitation, elle n'est souvent distinguée d'autres exploitations voisines que par le nom du propriétaire, qui est, en tout cas, mentionné dans le titre. Un plan-croquis ou au moins la date du relevé détermine, autant qu'il est possible, l'emplacement des fronts d'exploitation photographiés.

Les perspectives accessoires, dont les planches portent, accentué, le même numéro d'ordre que la perspective principale, ne sont accompagnées que d'indications sommaires.

Une réduction de la perspective principale ramenant la section naturelle à l'échelle du 1 000ième peut prendre place sur une planche de Coupes longitudinales *où figure la localité, pour faire apprécier la liaison des faits observés et des généralisations dans lesquelles doit intervenir la théorie.*

III. ORDRE.

Un troisième Tableau, intitulé **CHRONOLOGIE GÉOGNOSTIQUE** et subdivisé en cinq parties, présente les Notations et les Teintes qui font connaître l'Âge relatif des **formations**.

Les démarcations qui doivent être établies dans la

double série **SÉDIMENTAIRE** et **ÉRUPTIVE**, pour asseoir ces notations et ces teintes, ne sont bien fixées que par les *discordances de stratification* qui résultent des mouvements de l'Écorce terrestre; à défaut de ces discordances, on les détermine par les distinctions des ensembles dans lesquels des conditions d'*homogénéité relative* ou d'*hétérogénéité graduelle* sont manifestées : sous le rapport inorganique, par le *facies minéral* des formations; sous le rapport organique, par le *caractère* des *faunes* et des *flores.* Les deux sortes de distinctions sont finalement concordantes.

Chacune des deux séries est ainsi divisée, d'abord au point de vue le plus large, en **TERRAINS** dont les dénominations et les notations sont tirées principalement de la légende de la Carte géologique générale.

Les **TERRAINS** sont ensuite subdivisés en **Étages** dans la série sédimentaire, et en **Groupes** dans la série éruptive.

Le mot **formation**, applicable dans les deux séries, reste disponible, avec sa portée élastique, pour les besoins indéterminés du langage.

La portée des mots **Étage** et **Groupe** est, au contraire, fixée. Ils constituent les désignations générales des coupures définies, dont les termes successifs sont notés et figurés d'après les règles suivantes :

Chaque **Étage sédimentaire** distingué sur la	Chaque **Groupe éruptif** distingué sur la Carte

Carte au 80 000ième est caractérisé par une **lettre romaine** affectée d'un *exposant en chiffres arabes* ou d'un *indice en chiffres romains.* La lettre est la même pour tous les Étages dont l'ensemble est compris sous une dénomination de **Terrain**; par exemple, **j** pour les Étages jurassiques, **t** pour les Étages du Trias.

Les exposants et les indices vont en croissant à partir d'un *horizon* pris pour origine commune en raison de sa constance et de sa netteté: les exposants sont attribués aux Étages supérieurs, et les indices aux Étages inférieurs.

Lorsqu'une formation comprend plusieurs Étages distingués d'autre part ou ne peut être rappor-

au 80 000ième est caractérisé par une **lettre grecque** affectée d'un *indice* reproduisant la notation (en lettres et en chiffres) de l'Étage sédimentaire contemporain. La lettre est la même pour tous les Groupes de Roches de même famille qui correspondent à un même mode général d'éruption, et dont l'ensemble est compris sous la dénomination de **Terrain**; par exemple, π pour les différents groupes de porphyres, γ pour les différents groupes de granites.

Quand il y a incertitude sur l'époque de l'éruption, l'indice chronologique qui distingue le groupe est multiple et marque les Étages limites.

Lorsque plusieurs Grou-

tée d'une manière sûre à un Étage déterminé, la lettre caractéristique du Terrain dans lequel elle est comprise est accompagnée d'un indice ou d'un exposant multiple ou employée sans exposant ni indice.

La petite lettre est remplacée par la **MAJUSCULE** pour les formations d'allure confuse qui, sur quelques points, appartiennent au Terrain caractérisé par cette lettre, mais dont l'âge peut cependant être plus récent.

pes éruptifs comportent le même indice, on les distingue par des *exposants* marquant l'ordre de succession.

La lettre grecque caractéristique du Terrain, sans exposant ni indice, est employée pour tout Groupe dont l'âge n'a pu être précisé dans la période de ce Terrain.

Des **Sous-Étages** et des **Sous-Groupes** peuvent être distingués par des indices ou des exposants littéraux supplémentaires.

Quand une formation sédimentaire ou éruptive a subi, sans déplacement notable, un remaniement dont l'époque est indéterminée, la lettre de notation chronologique est *barrée de gauche à droite en descendant*. La même lettre est *barrée en remontant*, si la formation a subi un métamorphisme accidentel.

LES TEINTES CONVENTIONNELLES affectées aux affleurements des **Étages sédimentaires** ont été choisies de manière à satisfaire, autant que possible, à diverses conditions, telles que : l'imitation de la teinte dominante du sol, la représentation des Étages de composition analogue par des teintes voisines les unes des autres dans un même Terrain, enfin le contraste suffisamment prononcé entre les teintes qui se trouvent le plus habituellement en contact; les diverses séries de couleurs contrastantes sont d'ailleurs établies conformément à l'ordre naturel des couleurs simples. On a enfin évité d'affecter aux Étages comprenant principalement des Dépôts complexes, détritiques ou métamorphiques,

LES TEINTES CONVENTIONNELLES affectées aux affleurements des **Groupes éruptifs** dérivent de l'une des couleurs principales du spectre pour chacune des six principales *familles de formations* que l'on est amené à distinguer, par l'observation des trois conditions : *cristalline, compacte* et *vitreuse,* dans les deux séries parallèles de Roches, *feldspathiques* et *pyroxéniques,* ci-dessus définies. Le *rouge,* l'*orangé* et le *jaune* sont affectés aux *granites,* aux *porphyres* et aux *trachytes;* le *vert,* le *bleu* et le *violet* sont affectés aux *diorites,* aux *mélaphyres* et aux *basaltes.* Les teintes vives et franches sont réservées aux Groupes où dominent les Roches nettement constituées, dont elles rappellent, on le voit, les nuances les nuances vives et franches réservées aux Étages formés de dépôts dont les éléments sont plus directement ou plus simplement fournis par les émanations.

Lorsqu'il importe de distinguer localement, à titre de Sous-Étage, une des formations dont se compose un Étage sédimentaire complexe, on double la teinte conventionnelle sur l'affleurement local, et cette teinte doublée, échantillonnée en forme de bande ou d'onglet dans le rectangle de la légende de la feuille, est rappelée de la même manière dans le rectangle de la Légende générale.

Dans une colonne consacrée à la Paléontologie, et intitulée *Fossiles,* sont indiqués, en regard du nom de chaque Étage sé-

dominantes; les teintes brouillées sont appliquées aux Groupes où dominent les Roches imparfaites ou altérées.

Lorsqu'un Groupe éruptif comprend des formations feldspathiques et pyroxéniques enchevêtrées, les rectangles disposés en marge de la feuille ou de la Légende générale, pour donner l'échantillon de teinte conventionnelle, sont coupés en diagonale, de manière à offrir concurremment les deux teintes et les deux notations.

Une colonne consacrée à la Minéralogie et intitulée *Minéraux* indique, en regard des divers Groupes ou des divers Étages,

dimentaire, les principaux restes organisés que l'on y rencontre. Afin de comprendre dans le cadre restreint du Tableau le plus grand nombre possible de fossiles, on n'a pas mentionné les noms d'auteurs, qui sont cependant très-souvent indispensables pour préciser la détermination. Ces noms se trouvent dans les listes plus développées qui accompagnent les séries paléontologiques des fossiles photographiés. L'énumération est faite, pour chaque Étage, suivant l'ordre zoologique établi dans l'appendice du tableau de Lithologie placé à la fin de ce cahier. S'il y a lieu de distinguer plusieurs Sous-Étages au point de vue paléontologique, les énumérations des *faunes* et des *flores* de ces Sous-Étages les principales espèces minérales qui y sont disséminées. Les énumérations des minéraux sont faites suivant l'ordre des Substances caractéristiques établi dans l'appendice du tableau de Lithologie placé à la fin de ce cahier. Lorsqu'il y a lieu de distinguer, dans un même Groupe, plusieurs Roches communes, les différentes Roches sont l'objet d'énumérations distinctes, et chaque énumération partielle commence par le rappel de la notation lithologique qui sert à marquer la nature générale de la Roche, conformément aux conventions du tableau de Lithologie. Les énumérations des minéraux qui composent les roches et les matières exceptionnelles des filons, des amas ou des couches sont

sont faites successivement.

inscrites, dans les deux colonnes réservées à ces catégories, à la place qui correspond à l'âge de la venue.

Sur les CARTES, *les lettres caractéristiques des Étages ou des Groupes se distinguent par leur plus grande dimension des lettres qui sont employées pour les notations lithologiques.*

La notation de l'Étage ou du Groupe, entre parenthèses, marque les points où la formation est constatée mais ne peut donner lieu à un contour.

Les notations des formations sous-jacentes dont les contours sont tracés en ponctué peuvent être inscrites, également en lettres ponctuées, auprès de ces contours, du côté intérieur. — Lorsque, par des ouvrages d'exploitation marqués sur la Carte ou même par des fouilles dont on a perdu la trace sur le terrain, on a acquis la certitude que la formation figurée comme affleurant cache une formation immédiatement sous-jacente dont il y a intérêt à signaler l'existence, mais dont on ne saurait marquer les contours, la notation de cette formation, Étage ou Groupe, est inscrite en lettres ponctuées au-dessous de la lettre de la formation superficielle, qui en est séparée par une barre, si la superposition est immédiate. La barre est doublée si, la formation invisible étant masquée par plusieurs autres formations, elle mérite toutefois d'être signalée en raison d'un intérêt exceptionnel, par exemple comme étant carbonifère, salifère.

métallifère. Dans tous les cas, l'ensemble des notations est entouré d'un cercle, toujours en trait ponctué.

Quand les contours ponctués d'une formation sous-jacente sont accompagnés de lettres caractéristiques, ils peuvent être frangés de la teinte conventionnelle de cette formation, étendue sous la teinte de la formation superficielle convenablement atténuée.

Les Dénominations qui figurent dans les parties 3 et 4 du Tableau, intitulées **Désignation** et **Caractérisation** des **Étages sédimentaires**, **Désignation** et **Caractérisation** des **Groupes éruptifs**, sont rédigées de manière à spécifier les types dominants des formations dont ils se composent. Il est souvent nécessaire de mentionner, dans la dénomination générale d'un Étage sédimentaire, des Dépôts de plusieurs natures, par exemple des grès, des argiles, des calcaires. On doit souvent de même, dans la dénomination générale d'un Groupe éruptif, mentionner des Roches de plusieurs sortes, par exemple des Roches nettes, des Roches imparfaites ou altérées, et enfin les formations exceptionnelles d'émanation plus ou moins complexes auxquelles on applique les termes de *venue* ou de *remplissage* de filon. Ces dénominations générales, qui concernent l'ensemble de la Carte au 80 000ième, ne sont pas reproduites intégralement dans les légendes particulières des feuilles, pour chacune desquelles on adopte des dénominations abrégées, rappelant autant que possible les dénominations locales usitées dans l'étendue de cette feuille.

Par contre, on a cherché à signaler méthodiquement l'équivalence des types locaux dans le Tableau de la Légende générale. A cet effet, la France a été divisée en trois grandes Régions, dont les périmètres coïncident avec les lignes de partage des trois ensembles naturels formés par les *bassins hydrographiques* du Nord, du Centre et de l'Ouest réunis, du Sud-Ouest et de l'Est. La Région du Nord, du Centre et de l'Ouest a été divisée en huit SECTEURS par des droites rayonnant de Paris; la Région du Sud-Ouest a été divisée en quatre SECTEURS par des droites rayonnant de la Teste-de-Buch, et la Région de l'Est a été divisée en quatre SECTEURS par des droites rayonnant du Mont-Blanc. Les Secteurs sont désignés par les noms des *massifs montagneux* ou des principales *circonscriptions naturelles* sur lesquelles ils s'appuient. A chaque Secteur correspond dans le tableau une colonne verticale où les types qui lui sont propres sont mentionnés par leurs dénominations locales. L'ensemble de ces colonnes forme la 5me partie du Tableau, intitulée **RÉPARTITION** des **Étages** et des **Groupes** par **SECTEURS GÉOGRAPHIQUES**. Dans chacune d'elles les mentions relatives à la *série sédimentaire* occupent la *gauche*, tandis que la *droite* est réservée à celles qui concernent la *série éruptive* et qui sont d'ailleurs écrites *verticalement*.

Pour ne pas donner au tableau de Chronologie géognostique une largeur exagérée, on a renoncé à réunir dans une seule suite de planches les trois systèmes de colonnes des trois Régions; le premier système fait l'objet d'une première suite de huit planches, formant un premier Demi-tableau; une seconde suite de huit planches réunit dans un second Demi-tableau les deux autres systèmes de colonnes.

Sur chaque Demi-tableau, à côté des dénominations résumées dont il peut convenir de restreindre la portée aux huit secteurs décrits par ce Demi-tableau, sont mentionnées, dans les subdivisions d'une colonne intitulée Synonymies : d'abord les dénominations des Étages et des Groupes correspondants de l'autre Demi-tableau; ensuite les dénominations systématiques adoptées dans les Cartes des pays limitrophes de la France et celles qui ont été introduites par divers auteurs.

A côté de chacune des colonnes qui comprennent les échantillons des teintes et les notations des Étages et des Groupes pour la Carte au 80 000ième, deux colonnes donnent, par les échantillons des teintes avec notations littérales, la série des Subdivisions adoptées pour la Carte réduite au 320 000ième et pour la Carte d'ensemble au 1 000 000ième. Chaque subdivision géognostique, formée en général de plusieurs des Étages ou des Groupes qui sont distingués dans la Carte au 80 000ième, prend la teinte de l'un des Étages ou de l'un des Groupes qu'elle embrasse.

Aux époques **primaires**, **secondaires** et **tertiaires**, les apparitions des roches éruptives tendant à coïncider avec les bouleversements qui déterminent les discordances brusques de stratification, les *Groupes éruptifs* tendent à prendre place, dans la chronologie géognostique, entre les *Étages sédimentaires* qui sont principalement limités par ces discordances, et par suite il semblerait convenable de faire correspondre les rectangles des Groupes à l'interligne des rectangles des Étages. Mais l'imperfection encore très-grande de la chronologie des phénomènes éruptifs ne permet pas d'adopter une telle règle avant que son application ait été éprouvée dans l'étude des régions où ces phénomènes sont très-développés.

La correspondance directe des rectangles paraît d'ailleurs préférable pour les deux extrémités de l'échelle de la Légende. En effet, d'une part, dans les Terrains formés aux époques les plus anciennes, *anté-primaires* ou **préliminaires**, alors que les phénomènes éruptifs et sédimentaires, *de caractères hybrides,* se succédaient très-rapidement, les divers termes des Groupes éruptifs doivent se retrouver enchevêtrés, et entre eux, et avec les divers termes des Étages sédimentaires; d'autre part, dans les Terrains formés aux époques *post-tertiaires,* dites habituellement *quaternaires,* mais qu'il vaut mieux appeler **récentes** sinon **finales**, le même enchevêtrement résulte de circonstances tout opposées, puisque les épanchements *volcaniques* proprement dits, qui appartiennent aux périodes de *calme*, se sont produits et se produisent encore en concurrence continuelle avec les derniers sédiments où domine le caractère des formations de *transport.*

En conséquence, dans la construction du tableau, les rectangles des Groupes éruptifs et des Étages sédimentaires sont, jusqu'à nouvel ordre, placés en correspondance directe, le rapport ainsi marqué devant être interprété dans ce sens, que les épanchements rocheux ont eu lieu surtout vers les limites de la période pendant laquelle se sont déposés les sédiments placés sur la même ligne.

Les feuilles de la Carte d'ensemble *au 1 000 000ième et celles de la* Carte réduite *au 320 000ième, comme celles de la* Carte détaillée *au 80 000ième, sont pourvues chacune d'une légende géologique expliquant les notations et les teintes qui y sont employées. Cette légende est divisée en deux parties : la marge gauche est consacrée aux phénomènes sédimentaires, et la marge droite, aux phénomènes éruptifs.*

La notice explicative jointe à chaque feuille donne d'ailleurs la description sommaire des Étages et des Groupes qui y sont figurés.

Dans les Sections verticales *on applique aux deux premières colonnes les teintes et les notations de la Carte au 80 000ième.*

Dans les Coupes *et les* Projections longitudinales, *où l'on ne peut, en général, pousser les subdivisions au même degré de détail que sur les cartes de même échelle, on se conforme autant que possible aux règles suivantes :*

Pour les coupes au 80 000ième, on distingue au moins les mêmes divisions que sur la Carte au 1 000 000ième :

Pour les coupes au 20 000ième, on distingue au moins les mêmes subdivisions que dans la Carte au 320 000ième;

Pour les coupes au 10 000ième, on distingue les mêmes Étages et les mêmes Groupes que dans la Carte au 80 000ième.

La corrélation des teintes et des notations employées dans les Coupes longitudinales *et dans les* Cartes *est expliquée, en marge des planches de* Coupes*, par une échelle géologique où les épaisseurs relatives des formations sont figurées approximativement.*

Il est important de noter que la rédaction du tableau de Chronologie géognostique n'est complétée qu'au fur et à mesure de l'exécution des feuilles au 80 000ième. Les indications relatives aux feuilles dont les tracés ne sont pas encore arrêtés ne figurent au tableau que sous toutes réserves, et pour faire comprendre dans toutes ses parties l'application du système; le *numéro de feuille* qui accompagne ces indications est alors écrit en *italiques.*

Les *Soulèvements,* c'est-à-dire les crises qui résolvent en bourrelets d'écrasement, en rides ou en remplis les saillies bombées de l'écorce du globe produites lentement autour des méplats pendant les périodes de calme relatif, « offrent, dans l'histoire de la terre, des dates précises, comparables, dans l'histoire de l'humanité, à celles des batailles et des traités qui résolvent les conflits des peuples. Ces faits » doivent donc être signalés au premier chef dans la Chronologie géognostique, et comme toute crise de soulèvement brusque est accusée nécessairement.

dans le voisinage de la chaîne de montagne qu'elle a produite, par une discordance brusque de stratification entre les dépôts antérieurs et postérieurs, les soulèvements dénommés par les *Systèmes de montagnes* passant au travers ou à proximité du territoire de la France seraient naturellement figurés sur le tableau chronologique des terrains par des barres tirées au-dessus des Étages qui en ont subi l'influence. Toutefois, faute d'observations stratigraphiques suffisantes, la limite d'influence *dans le temps* reste encore douteuse, pour plusieurs soulèvements bien déterminés *dans l'espace*. D'autre part, certaines crises qui ont produit des ridements éloignés ne sauraient être datées avec précision en France, où elles ne se manifestent que par des systèmes de failles, de fentes, de fissures. Ces crises sont cependant d'un grand intérêt, car les fractures, en se propageant, à la manière des lézardes, au travers des nouveaux enduits sédimentaires, ont préparé le *modelé topographique* et tracé les sillons des *cours d'eau*, et c'est ainsi que, pour les cercles de comparaison, on peut trouver dans les noms de fleuves des dénominations dépourvues, il est vrai, de toute signification chronologique, mais d'une grande valeur au point de vue simple de la Sphérodésie. Les fentes ont pu d'ailleurs, au moment de leur ouverture, donner passage à des Roches éruptives; mais cette circonstance, qui augmente l'importance apparente du Système et peut fixer sa date, rend, d'autre part, difficile de le représenter sur le tableau des terrains, parce que la barre qui en marquerait l'âge devrait aboutir à l'un des rectangles qui représentent les Groupes éruptifs.

Par ces motifs, on a réuni toute la *Chronologie des soulèvements* dans un Tableau spécial, disposé pour mettre en évidence à la fois et la *direction* de chaque système et son *âge* ou du moins les limites dans lesquelles il se trouve compris. Ce Tableau forme naturellement l'introduction à la double série des feuilles de la Chronologie géognostique. Il est donc construit en double sur deux feuilles, qui correspondent, l'une aux bassins du Nord, du Centre et de l'Ouest, l'autre aux bassins du Sud-Ouest et aux bassins de l'Est.

Sur les deux feuilles, la série sédimentaire est représentée dans un demi-cercle par des *anneaux concentriques* correspondant chacun à un des Étages figurés sur la Carte détaillée au 80 000ième; les *Systèmes de soulèvements* sont représentés par des *rayons* orientés suivant leurs directions rapportées aux deux points qui résument sous tous les rapports la *polarité* de la France : à *Notre-Dame de Paris* pour la première feuille; au *sommet du Mont Dore* pour la seconde. Le tracé de chaque rayon est : *plein* dans toute la zone occupée par les Étages certainement antérieurs au Soulèvement; *ponctué* dans les Étages où les fractures du Système se sont prolongées par suite des ébranlements dus aux Soulèvements postérieurs; *pointillé en traits longs* dans les Étages où son influence directe sur la stratification est discutée. Il est frangé à droite et à gauche avec les couleurs des Groupes de roches dont l'éruption est contemporaine du bouleversement.

Dans la figure de cette 1re partie du Tableau, intitulée **Rapporteur chronologique**, les anneaux sont tous d'égale épaisseur, mais les puissances relatives des différents Étages sont indiquées sur chacune des deux feuilles dans la 2me partie du Tableau, intitulée **Échelle chronologique** et disposée latéralement en quatre colonnes, où la série sédimentaire complète est figurée d'après les estimations faites respectivement pour les régions correspondantes. On a cherché aussi à représenter dans les mêmes colonnes les développements relatifs des Groupes éruptifs aux différentes époques, par un figuré analogue à celui qui a été employé dans l'introduction à l'explication de la Carte générale.

Les circonférences qui limitent la zone des anneaux sont pourvues d'une graduation décimale, pour mettre le rapporteur en harmonie avec le système géodésique de la Carte de l'État-Major, et le rayon de la circonférence intérieure ayant été pris égal à 0m,0637, longueur qui représente la 100 000 000ième partie du rayon moyen terrestre de 6 366 000 mètres, l'arc de 1 grade est de 1 millimètre. Les circonférences portent du reste en dehors la division duodécimale, dont le système a été jusqu'à présent usité dans les études géologiques, mais qui doit faire place au système décimal, avec lequel les calculs trigonométriques sont beaucoup plus expéditifs.

Sur le prolongement de chaque rayon qui figure une direction de soulèvement sont inscrits : d'abord l'*orientement,* c'est-à-dire l'angle d'orientation compté du Nord au Sud par l'Est, ensuite la *dénomination géographique* du Système, enfin le *point polaire* qui, par le répertoire des *dénominations* et des *itinéraires* correspondants, précise le classement du Cercle de comparaison du système dans le RÉSEAU PENTAGONAL.

OBSERVATIONS GÉNÉRALES ET CONCLUSION.

Le Système de règles conventionnelles dont on vient d'exposer les principes et l'usage est développé dans des Tableaux, qui contiennent : D. IV, la Lithologie et la Stratigraphie ; Dn. V à Dn. XIII, la Chronologie géognostique pour les régions du Nord, du Centre et de l'Ouest, et Ds. V à Ds. XIII, la Chronologie géognostique pour les régions du Sud et de l'Est. Le système est, de plus, résumé, pour chacun des deux ensembles de Régions, dans deux Tableaux (Dn., Ds.,), intitulés LÉGENDE GÉOLOGIQUE SOMMAIRE.

« En édifiant ce Système, on a dû tenter d'instituer non-seulement un *dictionnaire,* un *vocabulaire,* mais une *grammaire,* une *syntaxe,* propres à introduire dans le *langage* et l'*écriture géologiques* une régularité comparable à l'orthographe du langage et de l'écriture ordinaire. Telle a été du moins la direction de mes efforts personnels.

» Le résultat de l'essai peut paraître au premier abord compliqué. D'un autre côté, bien que les principales dispositions de la présente Légende ne soient pas sans précédents, que les notations de la Carte géologique générale de la France y aient été traditionnellement conservées, et que les additions aux indications habituelles aient été faites de manière à rendre leur prise en considération *facultative* pour la personne qui consulte les Cartes, ce qu'il y a d'inusité dans la systématisation proposée peut lui faire encourir la défaveur qu'attire aux innovations les plus nécessaires l'abus des nouveautés irréfléchies. Il n'est donc pas inutile d'opposer d'avance aux critiques prévues une observation philosophique ou plutôt mathématique et un rapprochement technique suggéré par l'expression de *texture,* fréquemment employée en Géologie.

» Au point de vue philosophique, on ne saurait méconnaître que l'agencement des *Variables* de la **Matière**, de l'**Espace** et du **Temps**, opéré en toute chose naturelle sous la double action des principes contrastants de la **Continuité** et de la **Dualité** ou de la **Discontinuité**, se présente dans les questions géologiques avec le maximum de complication.

» Au point de vue de l'exécution, l'établissement des cartes géologiques peut être comparé à la confection des étoffes ouvragées, et, si de telles étoffes étaient produites premièrement avec le rouet et le métier élémentaire, si quelques-unes tenaient même de l'habileté du tisserand des qualités tout à fait supérieures, on ne songerait cependant plus aujourd'hui à aborder leur fabrication sur une grande échelle, sans le secours de la fileuse mécanique et du métier Jacquard.

» Cette observation, ce rapprochement, ne font-ils pas sentir qu'un système complexe est nécessaire actuellement pour entreprendre une grande Carte géologique?

» Le système d'exécution doit d'ailleurs tenir compte des moyens de reproduction. Or, bien qu'on doive espérer que l'exploitation des nouveaux gîtes de pierres lithographiques remédiera à la rareté actuelle des pierres de grand format, cette rareté semble avertir que la reproduction typographique des dessins est soumise à la loi d'évolution qui, dans l'industrie humaine comme dans l'activité éruptive, fait succéder l'âge des métaux à l'âge de la pierre.

» Le Service de la Carte a dû, en conséquence, se préoccuper de la reproduction par typographie métallique. On a maintenant lieu d'espérer que l'on rendra tout à fait pratique une combinaison dans laquelle la gravure en relief remplacerait la lithographie, et déjà les ressources exceptionnelles de l'Imprimerie nationale ont permis de donner à la typographie proprement dite une large part dans la publication des Cartes et des documents accessoires.

» Dans cette voie l'emploi des types mobiles marque le progrès, mais ce progrès n'est réalisable que si les faits qui doivent être notés sont classés rationnellement et si le classement est poussé au degré de détail que comporte l'échelle adoptée, de manière que par la combinaison d'un nombre minimum de types élémentaires on puisse obtenir toutes les notations qu'exige l'état des connaissances acquises.

» Ce sont donc des nécessités de tout genre qui ont amené à construire les tableaux de Lithologie, de Stratigraphie et de Chronologie géognostique. Les nombreuses cases de ces tableaux peuvent paraître, au premier abord, disposées pour tracer, entre les diverses catégories de faits qui y sont distribuées, des démarcations absolues qui seraient antinaturelles. Elles ne sont, au contraire, établies et multipliées que pour faire ressortir un plus grand nombre de rapports.

» Ces diverses considérations ne donnent-elles pas lieu de penser que l'instrument proposé ici, loin d'être trop compliqué, n'est encore qu'une ébauche fort grossière de l'appareil méthodique dont les Géologues devront bientôt être armés pour satisfaire aux besoins croissants de la civilisation en vulgarisant, dans les Cartes qui résument leurs travaux, les solutions des problèmes infiniment variés que nous offre l'Écorce terrestre?

» L'institution d'un tel appareil ne peut-elle pas d'ailleurs avoir une importance capitale au point de vue scientifique le plus général et le plus abstrait?

» Un ensemble, uniformément détaillé, de relevés géologiques embrassant le globe entier ne serait-il pas la contre-partie de ces tables où les astronomes enregistrent méthodiquement leurs observations, et, de même que, pour le monde planétaire, les tables instituées par Tycho-Brahé ont conduit de la généralisation de Copernic à la classification de Kepler dont a été tirée la formule de la *Gravitation*, n'est-il pas permis d'attendre, de l'exécution de ces relevés géologiques uniformisés, les lois primordiales conjuguées d'où se déduirait la formule fondamentale des phénomènes physico-chimiques du monde moléculaire rattachés au principe pour lequel le mot *Lévitation* est déjà préparé? N'est-ce pas le véritable chemin à suivre pour arriver à la formule générale des actions de réciprocité rapportées au principe unique dont les deux principes complémentaires de la Gravitation et de la Lévitation ne seraient que le dédoublement?

» Quelle que soit la valeur de ce dernier aperçu, il semble évident, à tous les points de vue, qu'on doit se préoccuper dès à présent de l'établissement d'un SYSTÈME DE RELEVÉS GÉOLOGIQUES UNIFORMES, et, après avoir mûri, autant qu'il dépendait de moi, l'étude du projet, je n'hésite pas à saisir l'occasion de réclamer sa mise à l'ordre du jour parmi les questions dont la solution intéresse l'ensemble de l'humanité.

» Le genre de canevas géodésique et le méridien origine des longitudes sont des conditions à régler préalablement. Il ne me paraît pas douteux qu'il n'y ait lieu d'adopter la graduation décimale du cercle, et de revenir au méridien de l'île de Fer ou mieux de prendre un méridien voisin de Saint-Michel des Açores, qui séparerait encore plus nettement les continents de l'ancien et du nouveau monde. Pour les cartes enfin, les projections gnomoniques me semblent évidemment préférables.

» Terminer par ces motions d'ordre international le programme du Système étudié pour la description géologique de la France, n'est-ce pas se conformer aux traditions du pays où a pris naissance le SYSTÈME MÉTRIQUE DÉCIMAL? »

APPENDICE

À L'EXPLICATION DES SIGNES CONVENTIONNELS

DE

LITHOLOGIE.

TABLEAU D. IV

DE

LA LÉGENDE GÉOLOGIQUE GÉNÉRALE.

APPENDICE AU TABLEAU DES CONVENTIONS DE LITHOLOGIE.

FOSSILES. — FORMES ORGANIQUES qui accidentent les textures générales des DÉPÔTS SÉDIMENTAIRES.					CONDITIONS de LA SÉDIMENTATION. NATURE DES EAUX.		
RÈGNES.	EMBRANCHEMENTS. DÉNOMINATIONS.	SIGNES.	CLASSES. DÉNOMINATIONS.	SIGNES.	Lacustre ou fluviale.	Fluvio-marine ou douteuse.	Marine.
ANIMAL. (Signes collectifs.)	*Vertébrés.*		*Mammifères* ……… . *Oiseaux* ……… . . *Reptiles* ……… . . . *Poissons* ………				
	Articulés et Annelés.		*Arachnides* ……… . *Insectes* ……… . . *Crustacés* ……… . . . *Annélides* ………				
	Mollusques.		*Céphalopodes* ……… . *Brachiopodes* ……… . . *Gastropodes* ……… . . . *Acéphales* ………				
	Rayonnés et Spongiaires.		*Échinodermes* ……… . *Polypes* ……… *Acalèphes* ….. *Spongiaires* …..				
	Molluscoïdes et Protozoaires.		*Rotifères* ……… *Bryozoaires* ……… *Foraminifères* ……… *Infusoires* ………				
VÉGÉTAL.	*Dicotylédonées et Monocotylédonées* ……… *Conifères et Cycadées* ……… *Fougères, Équisétacées, etc.* ……… *Algues, Lichens et Champignons* ………						

Signes de liaison placés avant la lettre lithologique.

APPENDICE AU TABLEAU DES CONVENTIONS DE **LITHOLOGIE.**

CONDITIONS de L'ÉPANCHEMENT. MODE DE FUSION.			FORMES INORGANIQUES OU DE CRISTALLISATION qui accidentent les textures générales des ROCHES ÉRUPTIVES.		
Hydrothermique ou chimique.	Mixte.	Pyrothermique ou igné.	TEXTURES FONDAMENTALES dans lesquelles se développent les diverses accidentations.	CONDITIONS TYPIQUES D'UNIFORMITÉ.	
⌄	◇	^	. . Rétinoïde (des rétinites). . . Lithoïde (des pétrosilex) . . . Granitoïde (des granites).	VITREUSE. COMPACTE. CRISTALLINE.	
			TEXTURES ACCIDENTÉES, COMBINÉES OU MODIFIÉES	*CONDITIONS TYPIQUES D'ACCIDENTATION.*	
⌄•	◇•	^•	. . *Téphroïde* (*des cendres*) . . . *Argiloïde* (*des argilolithes*). . *Arénoïde* (*des arènes*)	•	*CONFUSE.*
⌄v	◇v	^v	. . *Tuffacée et Scoriacée*. . . . . . . *Conglomérée*. . . . . *Bréchiforme*.	v	*FRAGMENTAIRE.*
⌄⌣	◇⌣	^⌣	. . *Vacuolaire* (*des laves*). . . . . *Amygdaloïde* . . . . *Schistoïde* (*des micaschistes*) . . .	⌣	*CELLULEUSE.*
⌄⌢	◇⌢	^⌢	. . *Perlée* (*des perlites*). . . . . . . *Varioloïde* (*des variolites*). . . *Orbiculaire* (*granito-globuleuse*).	⌢	*GLOBULEUSE.*
⌄∧	◇∧	^∧	. . *Trachytoïde*. . . . . *Porphyroïde* . . . . *Syénitoïde* (*granito-porphyroïde*).	∧	*MARQUETÉE.*
⌄~	◇~	^~	. . *Moirée* (*des obsidiennes*) . . . *Jaspoïde* (*des pétrosilex*). . . . *Rubanée* (*des gneiss*).	~	*ZONÉE.*

Signes de liaison placés après la lettre lithologique.

APPENDICE AU TABLEAU DES CONVENTIONS DE LITHOLOGIE.

SUBSTANCES CARACTÉRISTIQUES
IMPRÉGNANTES OU DISSÉMINÉES.

DANS LES DÉPÔTS SÉDIMENTAIRES.	CATÉGORIES des SUBSTANCES DISTINGUÉES. — NON OXYGÉNÉES.	DANS LES ROCHES ÉRUPTIVES.	DANS LES DÉPÔTS SÉDIMENTAIRES.	CATÉGORIES des SUBSTANCES DISTINGUÉES. — OXYGÉNÉES.	DANS LES ROCHES ÉRUPTIVES.
	(Cyanures?) Arséniures, etc. — (Ammonium?)			Azotates, Phosphates, etc. — (Oxydes d'azote.)	
	Carbures d'Hydrogène. — Carbone.			Carbonates. — (ac. Carbonique.)	
	Métaux.			Oxydes métalliques.	
	Sulfures, Séléniures, etc. — Soufre.			Sulfates, Borates, etc. — (ac. Sulfureux, ac. Borique.)	
	Fluorures, Chlorures, etc. — (ac. Chlorhydrique.)			Silicates, Titanates, etc. — Silice, ac. Titanique, etc.	

Signes combinés par subscription avec les traits d'union qui marquent les conditions de la sédimentation ou de l'éruption.

www.ingramcontent.com/pod-product-compliance
Ingram Content Group UK Ltd.
Pitfield, Milton Keynes, MK11 3LW, UK
UKHW021013180726
13838UKWH00004B/1531

9 782329 447698